T/CAGHP 082—2022

目 次

前言 ·· Ⅲ
引言 ·· Ⅳ
1 范围 ··· 1
2 规范性引用文件 ·· 1
3 术语和定义 ·· 1
4 总则 ··· 3
5 应急准备内容 ··· 3
   5.1 风险评估 ·· 3
   5.2 应急预案 ·· 3
   5.3 应急值守与应急联动 ··· 4
   5.4 应急力量 ·· 4
   5.5 装备物资 ·· 5
   5.6 信息系统 ·· 5
   5.7 培训与演练 ··· 6
   5.8 应急避难场所 ·· 6
   5.9 资金保障 ·· 7
6 应急准备评估 ··· 7
附录 A（规范性附录） 突发地质灾害应急预案内容提纲 ·································· 8
附录 B（规范性附录） 应急调查与应急监测装备 ··· 11
附录 C（资料性附录） 地质灾害应急准备评估报告提纲 ·································· 12
附录 D（规范性附录） 应急准备评估表 ··· 13
附录 E（规范性附录） 应急准备评估评分说明表 ··· 14

Ⅰ

前言

本标准按照 GB/T 1.1—2020《标准化工作导则 第 1 部分：标准化文件的结构和起草规则》给出的规则起草。

本标准附录 A、B、D、E 为规范性附录，附录 C 为资料性附录。

本标准由中国地质灾害防治与生态修复协会提出并归口。

本标准主要起草单位：中国安全生产科学研究院、中国地质环境监测院（自然资源部地质灾害技术指导中心）、应急管理部国家自然灾害防治研究院、贵州省地质环境监测院、浙江省地质矿产老科学技术工作者协会、中国地质调查局廊坊自然资源综合调查中心、中国地质调查局水文地质环境地质调查中心、中国地震应急搜救中心、有色金属矿产地质调查中心、中国地质大学（北京）、中国消防救援学院、首都经济贸易大学。

本标准主要起草人：马海涛、于正兴、杨晓琳、陈红旗、李湖生、秦宏楠、张亦海、徐瑞聪、王成虎、徐刚、刘秀伟、李铁峰、谢霄峰、刘秋强、李高、王晨辉、彭军还、李己华、白鹏飞、鲁森、何国锦、祁小博、高桂云、石永国。

本标准由中国地质灾害防治生态修复协会负责解释。

引 言

为了与地质灾害应急有关各级人民政府及其有关部门、企事业单位、社会团体可以更加合理合规、统筹协调地做好突发地质灾害应急准备工作,编制本导则。

本标准为与地质灾害应急有关各级人民政府及其有关部门、企事业单位、社会团体在应急救援行动中提供指导性应急准备操作标准。

突发地质灾害应急救援准备导则(试行)

1 范围

本标准规定了突发地质灾害应急准备工作的术语、应急准备内容和应急准备评估等一般要求。

本标准适用于与地质灾害应急有关各级人民政府及其有关部门、企事业单位、社会团体应对突发地质灾害事件的应急准备。

2 规范性引用文件

下列文件中的内容通过文中的规范性引用而构成本标准必不可少的条款。其中,注日期的引用文件,仅该日期对应的版本适用于本标准;不注日期的引用文件,其最新版本(包括所有的修改单)适用于本标准。

GB/T 1.1—2020 标准化工作导则 第1部分:标准化文件的结构和起草规则
GB/T 38565—2020 应急物资分类及编码
GB/T 29639—2013 生产经营单位生产安全事故应急预案编制导则
GB/T 27921—2011 风险管理 风险评估技术
GB/T 33744—2017 地震应急避难场所 运行管理指南
GB/T 35624—2017 城镇应急避难场所通用技术要求
GB/T 40112—2021 地质灾害危险性评估规范
T/CAGHP 002—2018 地质灾害防治基本术语(试行)
T/CAGHP 001—2018 地质灾害分类分级标准(试行)
T/CAGHP 030—2018 突发地质灾害应急调查技术指南(试行)
T/CAGHP 023—2018 突发地质灾害应急监测预警技术指南(试行)
T/CAGHP 010—2018 地质灾害应急演练指南(试行)
T/CAGHP 024—2018 地质灾害灾情调查评估指南(试行)

3 术语和定义

下列定义和术语适用于本标准。

3.1

突发地质灾害 abrupt geological hazards/disasters

突发地质灾害指突然出现的、较短时间内造成严重危害、需要紧急处理的地质灾害。主要有山体崩塌、滑坡、泥石流、地面塌陷等。

3.2
应急准备　emergency preparedness

应急准备是为快速高效应对突发地质灾害而事先做好多方面准备的工作，目的是确保出现灾情能够快速处置，有效应对突发地质灾害，最大限度地减少灾害对人民生命和财产造成的损失。应急准备包括风险评估、应急预案、应急值守与应急联动、应急力量、装备物资、信息系统、培训与演练、应急避难场所、资金保障。

3.3
应急资源　emergency resources

应急资源指为满足突发地质灾害应急工作需要所准备的救灾与救援队伍、抢险救灾装备、救援装备、应急避难场所及救助物资等。

3.4
应急准备评估　assessment for emergency preparedness capability

应急准备评估指为了保障在突发地质灾害应急救援中实现处置效率最优化，对各项应急准备工作进行检查和评估，并最终形成评估报告。应急准备评估通常包括应急风险评估成果、应急预案的编制情况、应急值守与应急联动机制现状、应急救援队伍建设情况、装备物资贮备情况、信息系统使用效果、有关救援人员的培训和演练的成效、应急避难场所保障能力、资金保障情况。

3.5
应急值守　emergency duty

应急值守指为了有效应对和处置突发地质灾害，确保政令畅通和信息及时报告，在重要时段、重点区域安排专人负责值班守护的工作，是地质灾害应急工作的关键环节。应急值守是应急平台建设的第一步，主要指突发地质灾害中应急管理部门最常见的协调调度工作。

3.6
应急力量　emergency force

应急力量指参与到突发地质灾害应急救援中，为维护人民生命财产安全的各类应急救援力量。应急力量包括各级人民政府及其有关部门、综合性消防救援队伍、地质灾害专业应急救援队伍、技术支撑力量、群测群防队伍、医疗救护队伍、社会应急救援队伍和军队力量等。

3.7
应急准备信息系统　emergency preparedness information system

应急准备信息系统指对满足地质灾害应急救援所需要的各类应急资源信息进行采集、存储、处理、集中管理和使用的计算机应用系统。

3.8
应急预案　emergency plan

应急预案指各级人民政府及其有关部门、基层组织、企事业单位、社会团体等针对可能发生的突发地质灾害，如崩塌、滑坡、泥石流、地面塌陷等，为依法、迅速、科学、有序地采取应急行动，以最大限度地降低突发地质灾害发生的可能性及突发地质灾害造成的损害而预先制定的工作方案。

3.9
应急救援　emergency rescue

应急救援指在地质灾害应急响应过程中，为消除、减少灾害危害，防止灾害扩大或恶化，最大限度地降低可能造成的影响而采取的救援措施或行动。

4 总则

4.1 生命至上,安全第一。以保障人民群众的生命财产安全作为应急准备工作的出发点和落脚点,做好突发地质灾害应急准备工作。

4.2 针对性做好突发地质灾害应急准备,提前做好风险评估、值守与联动、应急力量、装备物资、信息系统、培训与演练、应急避难场所、资金保障的应急准备工作,加强应急演练,提升应急处置能力,总结经验,做好灾后恢复工作。

4.3 应急准备的内容包括风险评估、应急预案、应急值守与应急联动、应急力量、装备物资、信息系统、培训与演练、应急避难场所、资金保障。

5 应急准备内容

5.1 风险评估

5.1.1 以县/市为单位对本辖区内所有已知的地质灾害隐患点和地质灾害中高易发区进行定期调查识别并进行风险评估。以此作为参照,以县/市为单位对本辖区内所有已知的地质灾害隐患点、风险区进行危险性评估。

5.1.2 对地质灾害危险性进行评估,并依据评估结果,完善应急保障措施。地质灾害危险性评估可参照《地质灾害危险性评估规范》(GB/T 40112—2021)。

5.1.3 不同部门和机构开展相关项的风险评估并记录台账,如气候条件、水文条件、地质条件、地表变形情况等,定期对各单项风险评估结果进行整合分析研判,形成综合风险评估结果。

5.1.4 将地质灾害风险水平、地质灾害发生的可能性与可接受地质灾害水平进行比对,为风险管理策略的设计和选择提供依据。

5.2 应急预案

5.2.1 完善应急预案,受威胁公众应知晓所在地区的应急预案。

5.2.2 应急预案应以突发地质灾害应急处置为核心,针对突发地质灾害的性质、特点和可能造成的后果,在每年的地质灾害风险评估和应急资源调查的基础上进行修订。

5.2.3 应急预案应具体规定突发地质灾害应急管理工作的组织指挥体系与职责、预防和预警机制、处置程序、应急保障措施及事后恢复与重建措施等内容。各级人民政府及其有关部门、企事业单位、社会团体在编制突发地质灾害应急预案时,应遵守《突发事件应急预案管理办法》(国办发〔2013〕101号)的相关规定,不同应急预案制定主体应侧重《突发事件应急预案管理办法》(国办发〔2013〕101号)中所说明的相关内容。突发地质灾害应急预案内容提纲见附录A。

5.2.4 严格管理应急预案,包括应急预案的规划、编制、审批、发布、备案、演练、修订、培训、宣传教育等。

5.2.5 有可能受到地质灾害影响的与地质灾害应急有关各级人民政府及其有关部门、企事业单位、社会团体等均应编制应急预案。应急预案编制完成后,应组织评审或论证,还应根据实际需要和情势变化适时修订应急预案。

5.2.6 突发地质灾害险情发生后,事发地的相关职责单位要根据地质灾害灾情等级、自身职责和规定的权限及时启动应急预案,及时、有效地进行处置,降低灾害风险,防范次生风险。地质灾害灾情等级划分可参照《地质灾害分类分级标准（试行）》(T/CAGHP 001—2018)。

5.3 应急值守与应急联动

5.3.1 突发地质灾害发生后，各类突发地质灾害应急监测的工作程序、内容、技术方法和预警评价指标、预警级别的确定以及成果的编制等参照《突发地质灾害应急监测预警技术指南（试行）》(T/CAGHP 023—2018)执行。

5.3.2 应急值守要遵循统一领导、分级负责、反应敏感、快速响应、运转高效、安全保密的原则。

5.3.3 建立各职责单位之间良好的协调联动机制，根据突发地质灾害性质有针对性地应对突发地质灾害，定期组织区域综合应急演练，强化跨区域调配衔接工作，确保各级各类应急力量衔接顺畅。

5.3.4 重点提升地质灾害多发易发区、重点城市群跨区域救援协作能力和救灾处置统一指挥能力。

5.3.5 在人才培养、科技创新、技术交流、装备配备、试点应用、信息共享等方面建立全面应急联动机制。

5.3.6 制定应急值守工作各项制度。重点制定和完善法定节假日及重要时期应急值守制度、应急值守交接班制度。

5.3.7 设立应急值守值班办公区，并摆放应急预案、应急通讯录、应急值守制度等相关文件，配备满足值守要求的有线座机电话、计算机、保密文件柜、显示大屏、视频会议相关设备等。

5.3.8 安排专人轮班进行24小时值守，处理临时紧急事务，及时报告和协调处置突发地质灾害事件。

5.3.9 应急值守值班员熟练掌握应急值守工作必需的各项技能和工作规程。值班员熟练使用值班室各种设备，接报各类地质灾害险情后，根据相关预案及时、准确地报告突发事件信息，妥善协调处置，做好值守记录并严格遵守保密规定。

5.3.10 相关职责单位参照本标准规定的应急值守工作内容，对突发地质灾害应急值守人员进行定期检查和不定期抽查，监督指导应急值守工作。

5.4 应急力量

5.4.1 综合性消防救援队伍应结合辖区内地质灾害风险，训练覆盖一定区域、独立机动作战、有重型机械设备的重型地质灾害救援队伍，使其具备抢通道路、工程营救、工程解危的救援能力，加强对基层消防救援队伍开展地质灾害专业知识的教学和应急处置培训。

5.4.2 综合性消防救援队伍应与所在辖区地质灾害防治相关专业机构加强合作，每年定期开展地质灾害应急抢险相关专业知识培训，了解辖区内主要地质灾害隐患点和风险区的位置、类型、规模及已采取的防治对策，有针对性地开展地质灾害应急救援日常演练。

5.4.3 县级以上人民政府应当加强综合性消防救援队伍地质灾害应急救援能力建设，也可根据各地实际情况建立专门的地质灾害应急救援队伍。

5.4.4 地质灾害应急救援队伍应结合当地人民政府所编制的突发地质灾害应急预案制定本队的地质灾害抢险保障专项应急预案。

5.4.5 地质灾害防治相关专业机构应与当地人民政府联合组建地质灾害应急救援专业技术支撑队伍，定期对辖区内地质灾害风险进行调查和研判，对辖区内应急救援力量进行技术指导和培训，并与辖区内应急救援力量开展共训共练。

5.4.6 在地质灾害中高易发区配备具有地质灾害相关专业基础知识的专业应急力量，在地质灾害低易发区配备具有专业紧急处置突发地质灾害能力的基础应急力量。

5.4.7 存在地质灾害风险的地区应加强群测群防队伍的应急能力建设。群测群防队伍应配备可靠的通信手段，熟练掌握辖区内全部地质灾害隐患点和风险区的位置、类型及可能受威胁人员等信息，掌握抵达已知隐患点、已知隐患点至避险场所各两条以上的行人路线。

5.4.8 各级人民政府组建或支持的矿山救援队、隧道救援队、地震救援队、工程抢险队等与地质灾害救援专业相近的救援力量，应结合辖区地质灾害风险，在人员和装备配备方面兼顾地质灾害应急救援能力，并开设地质灾害相关演练科目。

5.4.9 各地电力、供排水、燃油、运输、通信等各类担负应急保障职责的机构和企事业单位，应组建应急队伍，并结合辖区地质灾害的分布特征和风险等级，制定专项应急保障方案。

5.4.10 各地各类工程施工单位应组建应急抢险队伍，并将队伍和工程机械装备的动态信息及时反馈给地质灾害应急救援相关部门。

5.4.11 各级人民政府及其部门应结合本地突发地质灾害分布特点、地质灾害风险评估报告和应急预案加强专家队伍建设，应建立专家队伍定期会商研判机制，专家需熟悉受聘地区基本情况和地质灾害的总体风险情况。

5.4.12 在应急救援的情况下，当地人民政府应为社会救援队伍免费提供办公地点。社会救援队伍应加强队伍文化建设，应积极参与地质灾害应急救援演练，在救援现场应服从应急救援现场指挥部安排，开展救援工作。社会救援队伍和志愿者参与应急抢险时，志愿者所在工作单位应无条件支持。

5.4.13 与军队保持通信顺畅，并在突发地质灾害应急救援任务分工等应急准备内容中做好衔接。军队应参与应急预案有关内容的编制工作。

5.5 装备物资

5.5.1 根据所在地区突发地质灾害类型和特点，有针对性地准备应急救援所需的装备和物资。

5.5.2 储备用于灾民安置、医疗卫生、生活保障等必需的抢险救援专用物资，可参照《应急物资分类及编码》(GB/T 38565—2020)施行。

5.5.3 储备或配备必要的工程机械设备，如挖掘推铲类、起重机械、内燃发电机等。没有工程机械储备或不具备配备条件的，可与当地工程施工单位签署应急救援协议，应急救援时调用相关工程机械，其分类可参照《应急物资分类及编码》(GB/T 38565—2020)施行。

5.5.4 储备或配备突发地质灾害应急调查和应急监测所需的装备，应急调查装备需符合《突发地质灾害应急调查技术指南（试行）》(T/CAGHP 030—2018)，应急监测装备需符合《突发地质灾害应急监测预警技术指南（试行）》(T/CAGHP 023—2018)的规定。应急调查与应急监测装备配备的选择应符合附录B的规定。

5.6 信息系统

5.6.1 与常态化减灾相结合，严格执行应急值守制度，建立应急值守信息网络，确保预警信息、灾情信息、险情信息能够即时共享，确保相关人员联络畅通，建立互通互联的信息系统。

5.6.2 纳入应急力量信息。该信息包括各类地质灾害应急救援力量的队伍分布位置、人员规模、装备配备情况、救援能力、经费来源、隶属关系等。

5.6.3 纳入应急装备物资信息和绿色通道信息。应急装备物资信息包括物资属性清单、操作方法、维护保养记录等，纳入所有绿色通道信息，相关职责单位需与物流企业深度联合，逐步建立智能分配调度系统。

5.6.4 纳入地质灾害基础数据。该数据包括且不限于测绘数据、水文地质数据、地质灾害统计数据、变形监测数据等。利用数字孪生技术对多源异构数据进行融合,实现风险排查一张图,结合AI技术,实现智能分区、分级预警。

5.6.5 需对地质灾害监测预警、应急处置、善后重建等环节以及灾后复盘信息进行记录和管理,并将它们整合到信息系统中,作为地质灾害主管部门应急管理备忘录。

5.6.6 纳入地质灾害相关法律法规、行业标准、导则指南、技术方法、应急预案等资料,建立地质灾害应急处置学习平台,对相关地质灾害应急队伍进行培养和考核。

5.7 培训与演练

5.7.1 应急管理人员、救援队员、群测群防监测员应接受培训,掌握与突发地质灾害应急救援活动相适应的理论、专业技能和能力,达到培训考核要求。

5.7.2 培训应由具备应急救援培训资质的机构承担,纳入应急管理培训计划,统筹组织实施。坚持理论与实践相结合,注重培训效果和综合能力的提升。

5.7.3 培训内容分为地质灾害基础理论、突发地质灾害应急管理基础知识、突发地质灾害应急救援基础训练、突发地质灾害应急救援装备训练、突发地质灾害应急救援演练。

5.7.3.1 基础理论培训主要包括地质灾害特征、地质灾害调查与勘查、地质灾害评价与评估、地质灾害防治、地质灾害监测与预警。

5.7.3.2 应急管理基础知识培训主要包括突发地质灾害的分类与分级、突发地质灾害应急管理的概念与内涵、突发地质灾害应急管理工作的目标与内容、相关政策与法规。

5.7.3.3 应急救援基础技术培训主要包括内务训练、队列训练、体能训练、技能训练、协作训练、心理素质训练。

5.7.3.4 应急救援装备训练培训主要包括防护装备训练、侦检监测装备训练、预警与撤离装备训练、破拆装备训练、人员急救训练、协调通信训练。

5.7.3.5 应急救援演练主要包括应急调查与监测演练、应急转移避险演练、应急抢险救援演练、军地联合演练。

5.7.4 制订合理培训计划,按照计划开展培训。进行针对性训练,规范训练前应先进行热身,规范训练后应进行恢复活动,合理控制训练强度,保证安全。训练中应有专人做好各类记录,并按要求归档。

5.7.5 应急救援培训考核方式可分为笔试、计算机考试、体能测试、实物操作或模拟仿真等。全部培训内容达到规定要求评定为合格,不合格者需要重新培训。考核组织者可进一步确定评分细则。

5.7.6 应急演练应结合本地区主要地质灾害类型,以及滑坡、崩塌、泥石流等不同灾害类型的特点开展实施。

5.7.7 应急演练可根据实际地质和场地条件,采用实战演练的形式开展应急演练。

5.7.8 应急演练应组织与突发地质灾害应急工作相关的组织机构和人员共同参与。

5.7.9 应急演练实施过程中,应安排专门的人员采用文字、照片或音像方式记录过程。

5.7.10 应急演练结束后应清点人员、开展演练评估、撰写演练总结报告,以及应将演练资料归档。

5.8 应急避难场所

5.8.1 突发地质灾害应急避难场所的技术要求可参照《城镇应急避难场所通用技术要求》(GB/T 35624—2017)。

5.8.2 日常管理中的制度建设、设备设施保障、宣传和演练、检查和维护可参照《地震应急避难场所 运行管理指南》(GB/T 33744—2017)。

5.8.3 日常管理中的基本应急物资储备可参照《应急物资分类及编码》(GB/T 38565—2020)执行，如准备基本生活保障物资、医疗和防疫设备及常用应急药品、能源动力设备及物资、应急照明设备及用品、洗消器材及设备、后援支持装备、非动力手工工具、灭火剂爆炸物处理设备、拦污封堵器材装备、泵类及通风排烟设备、安防及反恐防暴装备、分析检测类装备、通信装备等。

5.8.4 以下情形可启用应急避难场所：发布地质灾害预报、发生破坏性或有较大影响的突发地质灾害事件、其他需要启用应急避难场所的情况。

5.8.5 应急避难场所的启用事项、进场秩序、安置运行和安置运行停止可参照《地震应急避难场所 运行管理指南》(GB/T 33744—2017)施行。

5.9 资金保障

5.9.1 县级以上人民政府需按灾害风险大小设立应急准备专项资金，用于突发地质灾害应急准备。

5.9.2 自然因素引发的地质灾害所需的应急救援资金由当地人民政府负责筹集，人为活动引发的地质灾害所需的应急救援资金由责任单位负责筹集。

5.9.3 实行政府主导和社会参与相结合的多渠道筹集方式。

5.9.4 应急准备专项资金管理需遵循临时性和及时性的原则。按照"总量控制、统筹兼顾、专款专用"的原则使用，实行专户储存、专账管理。

5.9.5 应急管理部门要建立健全资金使用、管理和审查等制度，加强管理。应急准备专项资金的使用严格按照相关制度执行。

6 应急准备评估

6.1 应急准备评估的对象主要有对应企业机关、二级单位、基层单位、应急队伍、应急物资储备库管理部门等多级主体。

6.2 在全面调查和客观分析各项应急准备内容的基础上开展应急准备整体评估，并给出评估意见和建议。

6.3 定期对地质灾害风险评估水平、与突发地质灾害相关企事业单位的协调联动情况、应急预案的编制情况、应急演练的成效、应急救援队伍建设情况、有关救援人员的培训效果、装备物资的购买和储藏情况、应急值守制度完善情况、信息系统使用效果分别进行规范化评估，编制地质灾害应急准备评估报告，并给出应急准备评估意见。地质灾害应急准备评估报告提纲见附录C。

6.4 对应急准备和风险评估水平进行量化评估，有助于发现指标之间的差别，有利于科学管理与决策和精细化管理。应急准备评估表相关示例见附录D，应急准备评估评分应符合附录E的规定。

附 录 A
（规范性附录）
突发地质灾害应急预案内容提纲

A.1 总则

A.1.1 编制目的

简述应急预案编制的目的。

A.1.2 编制依据

简述法律、法规、规章、标准和规范性文件以及相关的应急预案。

A.1.3 适用范围

说明应急预案适用的工作范围和灾害类型。

A.2 应急组织机构及职责

明确应急组织形式及构成单位和部门的应急处置职责。应急组织机构可设置相应的工作小组，各小组具体构成、职责分工及行动任务应以工作方案的形式作为附件。

A.3 应急响应

A.3.1 信息报告

A.3.1.1 信息接报

明确信息接报、上报的流程，信息上报的内容，信息上报和接报责任人。

A.3.1.2 信息处置与研判

根据现行《地质灾害分类分级标准（试行）》（T/CAGHP 001—2018）中地质灾害灾情等级确定初次应急响应级别、启动的程序和方式。

A.3.2 预警

A.3.2.1 预警启动

明确预警信息发布渠道、方式和内容。

A.3.2.2 响应准备

明确预警启动后应开展的响应准备工作，包括队伍、物资、装备、后勤及通信等。

A.3.2.3 预警解除

明确预警解除的基本条件、要求及责任人。

A.3.2.4 响应启动

确定响应级别,明确响应启动后的程序性工作,包括应急会议召开、信息上报、救援行动、资源协调、信息公开、后勤及财力保障工作。

根据地质灾害发展事态按照《地质灾害分类分级标准(试行)》(T/CAGHP 001—2018)中地质灾害险情等级适当调整应急响应级别,确定在新的应急响应级别启动后的程序性工作。

A.3.2.5 应急处置

明确事故现场的警戒疏散、人员搜救、医疗救治、现场监测、技术支持、工程抢险及环境保护方面的应急处置措施,并明确人员防护的要求。

A.3.2.6 应急支援

明确在事态无法控制的情况下,向外部(救援)力量请求支援的程序及要求、联动程序及要求,以及外部(救援)力量到达后的指挥关系。

A.3.2.7 响应终止

明确响应终止的基本条件、要求和责任人。

A.4 应急措施

A.4.1 通信与信息保障

明确应急保障的相关单位及人员通信联系方式和方法,以及备用方案和保障责任人。

A.4.2 应急队伍保障

明确相关的应急人力资源,包括专家、专兼职应急救援队伍及协议应急救援队伍。

A.4.3 物资装备保障

明确本单位的应急物资和装备的类型、数量、性能、存放位置、运输及使用条件、更新及补充时限、管理责任人及其联系方式,并建立台账。

A.4.4 其他保障

根据应急工作需求而确定的其他相关保障措施,如能源保障、经费保障、交通运输保障、治安保障、技术保障、医疗保障及后勤保障。

A.5 后期处置

后期处置包括灾害现场处理、医疗救治、人员安置、生产生活恢复、应急救助、应急救援评估及应急预案修订等。

A.6 附件

A.6.1 有关应急管理部门、机构或人员的联系方式

列出应急工作中需要联系的部门、机构或人员及其多种联系方式。

A.6.2 应急物资装备的名录或清单

列出应急预案涉及的主要装备物资名称、型号、性能、数量、存放地点、运输和使用条件、管理责任人和联系电话等。

A.6.3 格式化文本

列出信息接报、预案启动、信息发布等格式化文本。

A.6.4 关键的路线、标志和图纸

包括但不限于：
警报系统分布及覆盖范围；
重要防护目标、风险清单及分布图；
应急指挥部（现场指挥部）位置及救援队伍行动路线；
疏散路线、集结点、警戒范围、重要地点的标志；
相关平面布置、应急资源分布的图纸；
生产经营单位的地理位置图、周边关系图、附近交通图；
事故风险可能导致的影响范围图；
附近医院的地理位置图及路线图。

A.6.5 有关协议或备忘录

列出与相关应急救援部门签订的应急救援协议或备忘录。

A.6.6 预案体系与衔接

简述当前机构或组织应急预案体系构成和分级情况，明确与地方各级人民政府及其有关部门、其他相关单位应急预案的衔接关系，可用图示。

附 录 B
（规范性附录）
应急调查与应急监测装备

表 B.1 规定了应急调查与应急监测装备。

表 B.1 应急调查与应急监测装备

用途	设备类别	设备名称举例	功能说明
应急调查	应急调查记录工具	记录本、绘图本、笔、量角器、三角板、图夹、卷尺、GPS、地质罗盘等	记录应急调查结果
	影像获取设备	相机、航拍无人机、辅助照明设备等	记录现场影像
	地质调查类仪器	颗粒分析仪器等	
	大地测量类仪器	手持测距仪、视距仪、全站仪、重力仪等	
应急调查、应急监测	观察测量装备	无人机等低空观察探测设备、探测机器人等地面探测设备、其他图传设备	获取地质灾害隐患点的地形地貌、分布、规模、危害、类型
	移动通信设备	对讲机、通信导航定向设备等	
	声波振动监测设备	次生微震类监测仪器等	
	气象观测仪器	雨量计、温湿度计、风速风量表、气压计、日照仪等	监测风速、温度、湿度、气压、雷电、日照等
	水文观测仪器	水位计、流速计等	监测水位、流速、流向、流量、水文等
应急监测	应力应变观测仪器	地应力计等	监测地应力及其变化
	变形观测仪器	边坡雷达、GNSS、测斜仪、裂缝计、位移计等	
	地形扫描设备	三维激光扫描仪、数字摄影测量系统	为地质灾害发生条件研究、发展趋势判断和综合防治提供依据
	通信设备	北斗终端机	用于应急通信
注：以上应急调查和应急监测设备在各类突发地质灾害（山体崩塌、滑坡、泥石流、地面塌陷、地裂缝）及次生灾害或灾害链中的应用，需依据现有的手段条件和地质灾害灾种进行合理选取。			

附　录　C
（资料性附录）
地质灾害应急准备评估报告提纲

C.1 基本情况

C.1.1 评估对象概况

C.1.2 评估依据

C.1.3 评估主体

C.1.4 评估过程和方法

C.2 评估程序

C.2.1 制定评估工作方案

C.2.2 收集和审阅相关资料

C.2.3 充分听取意见

C.2.4 全面评估论证

C.2.5 编制评估报告

C.3 评估内容

C.3.1 地质灾害风险评估及各方采纳意见

C.3.2 应急预案编制和管理情况

C.3.3 应急值守与应急联动情况

C.3.4 应急力量现状

C.3.5 装备物资现状

C.3.6 信息系统

C.3.7 培训与演练情况

C.3.8 应急避难场所现状

C.3.9 资金保障现状

C.4 评估结论

C.4.1 评估对象存在的主要问题

C.4.2 针对评估对象存在的主要问题提出相应建议

附 录 D
(规范性附录)
应急准备评估表

表 D.1 规定了应急准备评估表的格式。

表 D.1 应急准备评估表

一级指标评估			二级指标评估		
	一级指标	评分		二级指标	评分
1	风险评估水平		1	山体崩塌风险评估水平	
			2	滑坡风险评估水平	
			3	泥石流风险评估水平	
			4	地面塌陷风险评估水平	
2	应急值守与应急联动		5	值守与信息传送	
			6	第一责任人制度	
			7	应急组织与职责	
3	应急力量		8	指挥小组	
			9	专家智库	
			10	消防队伍	
			11	地质灾害专业救援队伍	
			12	医疗救护队伍	
			13	其他辅助救援队伍	
			14	社会救援队伍	
4	装备		15	生命探测装备	
			16	大型机械救援装备	
			17	交通、指挥、通信装备	
			18	监测预警装备	
5	物资		19	紧急抢救物资	
			20	生活保障物资	
6	培训与演练		21	培训	
			22	演练	
7	资金保障		23	应急救助资金	
总评分： 总评估及建议：					

附 录 E
（规范性附录）
应急准备评估评分说明表

表 E.1 规定了应急准备评估评分说明。

表 E.1 应急准备评估评分说明表

序号	评分项	评分说明		分数
1	山体崩塌风险评估水平	评估专家至少1人，外加现场观察员评估	满分4分，其他情况由审核员判断得0分~4分	4
2	滑坡风险评估水平	评估专家至少1人，外加现场观察员评估	满分4分，其他情况由审核员判断得0分~4分	4
3	泥石流风险评估水平	评估专家至少1人，外加现场观察员评估	满分4分，其他情况由审核员判断得0分~4分	4
4	地面塌陷风险评估水平	评估专家至少1人，外加现场观察员评估	满分4分，其他情况由审核员判断得0分~4分	4
5	值守与信息传送	落实各环节值守责任人、信息传送制度	满分2分，其他情况由审核员判断得0分~2分	2
6	第一责任人制度	建立应急管理制度和应急管理体系，落实突发地质灾害应急准备第一责任人	满分2分，其他情况由审核员判断得0分~2分	2
7	应急组织与职责	应急管理制度明确应急准备项目，内容完整	满分2分，其他情况由审核员判断得0分~2分	2
8	指挥小组	应急领导小组至少3人，其中总指挥1人，现场应急救援指挥1人，辅助救援人员管理1人	满分2分，其他情况由审核员判断得0分~2分	2
9	专家智库	小型地质灾害至少1人，中型地质灾害至少1人，大型地质灾害至少2人，特大型地质灾害至少3人	满分4分，其他情况由审核员判断得0分~4分	4
10	消防队伍	可调度人数：小型地质灾害至少5人，中型地质灾害至少10人，大型地质灾害至少20人，特大型地质灾害至少40人。可根据受灾具体情况浮动，最低可下浮10%	满分10分，其他情况由审核员判断得0分~10分	10
11	地质灾害专业救援队伍	自然资源等相关部门需常备15名具备地质灾害抢险相关知识的专业人员	满分10分，其他情况由审核员判断得0分~10分	10
12	医疗救护队伍	满足同时救援15人的救援水平	满分8分，其他情况由审核员判断得0分~8分	8
13	其他辅助救援队伍	监测预警队伍（气候观测、变形观测、人员活动影响）、警戒队伍等	满分6分，其他情况由审核员判断得0分~6分	6
14	社会救援队伍	县级区域可调度社会志愿救援救助人员，人数10人~40人	满分4分，其他情况由审核员判断得0分~4分	4

表 E.1 应急准备评估评分说明表(续)

序号	评分项	评分说明		分数
15	紧急抢救物资	需满足本地大型地质灾害需求	满分6分,其他情况由审核员判断得0分~6分	6
16	生活保障物资	需满足本地大型地质灾害生活保障需求	满分4分,其他情况由审核员判断得0分~4分	4
17	生命探测装备	生命探测仪至少2台,搜救犬至少10条	满分4分,其他情况由审核员判断得0分~4分	4
18	大型机械救援装备	救援机器人、抢险破障车、挖掘机、吊机、推土机、抽水机、冲锋舟、掘进机、起重机等	满分6分,其他情况由审核员判断得0分~6分	6
19	交通、指挥、通讯装备	绿色通道管理完善,应急指挥装备、通信装备完备	满分4分,其他情况由审核员判断得0分~4分	4
20	监测预警装备	气候监测装备、边坡监测装备、地下水和地表水监测装备	满分4分,其他情况由审核员判断得0分~4分	4
21	培训	参与应急救援的逐层救援人员均接受过专业地质灾害应急救援培训	满分2分,其他情况由审核员判断得0分~2分	2
22	演练	参与应急救援的逐层救援人员,至少每3年进行一次突发地质灾害应急救援演练,有条件地区可每两年进行一次	满分2分,其他情况由审核员判断得0分~2分	2
23	备用资金	满足同时救援2个大型地质灾害的备用资金	满分2分,其他情况由审核员判断得0分~2分	2
总分				100

注1:以上按照县级范围进行编写,其他行政级别范围可据此作适当调整。
注2:应急准备评估项目共23项,总分100分,各项满分分数体现各项分数权重。